鲜切花品种图册

昆明国际花卉拍卖交易中心 组编

U0393661

中国电力出版社
www.cepp.sgcc.com.cn

内 容 提 要

本书收录了中国鲜花市场上流通的主要品种共 758 个，包含切花、切枝、切叶、切果和加工染色花。本图册是为方便市场辨识品种、方便交易而编撰的。本书不仅是花店、花艺培训学校、花材批发商、花卉电商、花卉生产者等业内人士很实用的一本工具书，也是广大花卉爱好者和花卉消费者了解、欣赏鲜花品种的一本精美图册。

图书在版编目（CIP）数据

鲜切花品种图册 / 昆明国际花卉拍卖交易中心组编 .
-- 北京 ：中国电力出版社，2017.7（2021.7 重印）
ISBN 978-7-5198-0938-6

Ⅰ．①鲜⋯ Ⅱ．①昆⋯ Ⅲ．①切花－观赏园艺－图集 Ⅳ．① S688.2-64

中国版本图书馆 CIP 数据核字（2017）第 147201 号

出版发行：中国电力出版社
地　　址：北京市东城区北京站西街 19 号（邮政编码 100005）
网　　址：http://www.cepp.sgcc.com.cn
责任编辑：曹　巍　010-63412609
装帧设计：弘承阳光
责任印制：单　玲

印　　刷：北京雅昌艺术印刷有限公司
版　　次：2017 年 7 月第一版
印　　次：2021 年 7 月北京第四次印刷
开　　本：889 毫米 ×1194 毫米　32 开本
印　　张：6.5
字　　数：216 千字
定　　价：128.00 元

本书编委会

主　编：张　力

副主编：余　娜　糜红恩

编　委：董文怡　高荣梅　冯怀斌　李　猛　王周成
　　　　邓玉娟　奎丽华　曾建园　吴明韬　陈　平
　　　　钱青青　李　燕

摄　影：王　锐　叶超男　陈建明

设　计：江雨晨　玛格鲁没

目　录

序

　　维西利亚、阿尔曼多、双色粉、蜜桃雪山、樱桃太子、小天使、海洋之歌、桃红芭芭拉、蜜糖、多洛塔、红咖喱、木门、落新妇、衬裙、绿夫人、马斯特、传奇、黄天霸、星点木、泰姬、月光泡泡……面对这些词汇，相信绝大多数人都无法把它们和鲜花联系在一起。

　　是的，这些都是花卉市场上不同鲜花的品种名称，而这仅仅是其中很少的几个。鲜花品种实在是太多了，每年全球鲜切花交易品种超过 3000 个。十年来，鲜花贸易已成为全球农产品贸易中增长较快的一个行业，而在支撑鲜花产业快速发展的背后有一个庞大的品种群和同样庞大的育种业，新品种一直是保持花卉行业欣欣向荣的新鲜血液。

　　近几年，中国市场上鲜花品种数量增长迅速。在全国最大的鲜花生产、集散地的云南，每天有近千个品种在市场上交易，而且新品种数量还在源源不断地增加，这要在十年前是不可想象的。

　　品种的增加，极大地丰富了市场的品种结构，但同时也给流通环节中的各方带来了诸多困惑，这么多的品种及名称很难一一记住，有时，花店明明要的是叫"大桃红"的玫瑰，可批发商却发来一箱康乃馨，因为康乃馨也有一个品种叫"大桃红"；也有很多花艺师现在喜欢用配叶"尤加利"，可"尤加利"有细叶、柳叶、卵叶、圆叶等品种，你能否说得更清楚些，究竟要的是哪一个品种？

　　"老板，明天给我发 50 扎红玫。"这要在十年前肯定不会出错，花店一定只会要 50 扎叫"卡罗拉"的红玫瑰。可放现在，相信批发商一定会抓狂，这是要 50 扎"卡罗拉"？还是 50 扎"红拂"？还是 50 扎"卡马拉"？还是……因为，现在市场上红色玫瑰品种已不下 5 个。2016 年底，一个叫"传奇"的新品种红玫瑰一上市反响就特别好，价格也很高，于是，市场上出现了很多叫"传奇"的山寨货，可真正的"传奇"因刚上市，每天产量不足 200 扎，不久后，当花店买到真正的"传奇"时反而认为这是假"传奇"。

　　对消费者而言，要让他们分辨出紫色玫瑰品种中的冷美人、多洛塔、紫皇后、紫霞仙子、海洋之歌、海洋之谜、阿尔曼多则更是一件困难的事。

把现在市场上流通的主要鲜花品种一网打尽，并把这些品种留其影、正其名、述其型，完善其信息后集结成一本图册作为工具书供大家使用，这是我们这个行业多年来的共同愿望。

其实，我们很早就想做一本这样的书！

2006年，昆明国际花卉拍卖中心就专门为此成立了一个小组，但那个时候，鲜花品种很少，市场对品种的关注度仅停留在红玫瑰、白玫瑰、红康乃馨、黄菊花这个层次上，工作进行到一半就暂停了。

十年后，中国鲜花市场发生了巨大变化，市场愈加成熟、品种越来越多、生产面积越来越大，昆明花拍中心也成为亚洲最大的专业鲜花拍卖交易平台。十年后的中国鲜花市场，更加迫切地需要一本能够识花、辨花的专业类工具书，所以我们再次启动了《鲜切花品种图册》的出版计划。

此次出版《鲜切花品种图册》，历时两年多，收录了758个具代表性的品种，涵盖了现在市场上流通的切花、切枝、切叶、切果和加工染色类花卉。

此图册不仅是花店、花艺培训学校、花材批发商、花卉电商、花卉生产者等业内人士很实用的一本工具书，也是广大花卉爱好者和花卉消费者了解、欣赏鲜花品种的一本精美图册。

图册里收录的每一个品种都由摄影师在专业摄影棚里完成，保证了图片的质量和无任何知识产权上的瑕疵。

今天，我们怀着忐忑的心情将此书呈现在您的面前，我们知道这本书还有很多不完善，甚至有错误的地方，我们真诚地欢迎读者朋友们给予指正和批评，您的宝贵意见对我们再次更新内容、修订错误弥足珍贵。

这本书的编辑和出版过程中，得到了很多花卉同行的支持，要感谢的人很多，在书后，我们特别开辟了鸣谢专栏，感谢所有关心和支持我们的人。

在此书交付出版社后，我们又开始了新一轮鲜花品种的收集、拍摄和整理的工作。

最后，衷心的祝愿每一个手捧此书的读者，事业蒸蒸日上，生活如花般美好！

昆明国际花卉拍卖交易中心有限公司
张力 总经理

编著说明

　　全书收录了中国鲜花市场上流通的主要品种共 758 个，包含切花、切枝、切叶、切果和加工染色花。

　　由于鲜花品种数量多、品种更新快，一些刚进入市场但上市量还较少的品种暂未收录在图册中；同时一些生产面积很少、即将退出市场的老品种也未收录在内；还有一些性状一致仅花的颜色不同的品种只收录几个具代表性的；那些未进入规模化生产的野生品种也不在收录范围。

　　每个品种的图片全部在专业摄影棚内拍摄完成。为更好展现各品种的特性，在拍摄过程中，把握好每个品种花朵的开放度和拍摄时的角度最为关键，如玫瑰"红拂"是按花朵开放度为 5 度并让花朵斜倾 15° 拍摄，这能充分展现该品种花瓣多的特点；玫瑰"倾城之恋"则选取花朵开放度为 3.5 度并呈直立拍摄，使该品种长杯型花朵的特点能体现出来；而玫瑰"蝴蝶"是将开放度为 4 度的花斜倾 75° 后拍摄，为的是展现"花园玫瑰"的独特花型……在此也特别提醒读者朋友，当您购买鲜花时，不能以图册的品种开放度为购买标准。

　　本图册是为方便市场各方辨识品种、方便交易而编撰的，并非是一本纯专业的植物品种分类图册，因此，在确定各品种名称时，以"尊重市场已形成的习惯为主，兼顾科学、规范、引导"的原则来进行，命名过程中也多方征求了育种商、植物学家、市场交易各方的意见。

　　为方便使用，我们把市场上交易量大、品种数量多的品种归并在"大类切花"部分里，剩下的则按"其他切花""切枝""切叶""切果"和"加工染色花"这几个部分分别进行收录。在上述各部分里，又按"品类"进行分类，品类名称主要使用市场上业已形成的名称，如玫瑰、康乃馨、非洲菊、百合、洋桔梗等，部分则按其植物分类的属名、种名来命名。

　　为更准确地区分各品种，在每个品种图片下方加入了简单的品种特性描述或代表品种系列的标识，如单头、多头、单瓣、重瓣、迷你……凡用（ ）符号进行标识的均说明是一个系列，如洋桔梗的波浪系列，标识为（波浪）。

此外，在对每个具体品种命名时更多采用的是市场上已通行的叫法（商品名），有商品名的均用""符号来表示，如玫瑰"红拂"，"红拂"是该品种商品名。

当同一品种在市场上有 1 个以上商品名且已被市场广泛接受时，以育种商所取的名称为唯一名称；如无法确定育种商取的名字，则采用通行的 2 个名称，并用 / 来区分，如切枝的"富贵竹 / 水竹"；对那些没有商品名的品种，采用品类或品类＋花朵的颜色来区分（命名），如菊花和绣球品类下的各品种则多以颜色来区分（命名）。

每一个品种都对应有一个唯一的品种代码，这个代码也是昆明国际花卉拍卖交易中心的拍卖交易品种代码。

因此，本图册的品种信息包含：

品类＋特性描述或系列标识＋商品名称或颜色描述＋品种代码。

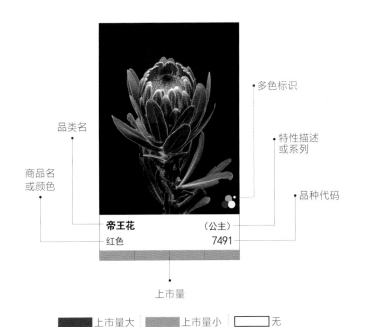

多色标识

品类名

特性描述
或系列

商品名
或颜色

品种代码

帝王花　　　　　　　（公主）
红色　　　　　　　　　7491

上市量

上市量大　　上市量小　　无

三色符号。该品种除了图册里的颜色，还有其他颜色。

（ ）表示系列

""表示商品名

本图册各品种在书中按以下方式排序：

1. 大类切花—其他切花—切枝—切叶—切果—加工染色花。

2. 大类切花里各品种按红、粉、紫、黄、绿、蓝、白并根据该颜色由深至浅进行排序。

3. 其他切花、切枝、切叶、切果则按品类名称的拼音首字母顺序排序。

为了方便查询，在图册最后分别设了商品名索引和品种代码索引，商品名索引根据汉语拼音排序法排列，品种代码索引按数字顺序由小到大排列。

图册还有介绍玫瑰、康乃馨、百合、菊花中几个有代表性的品种的各开放度标准图和一篇鲜花在主要流通环节的关注重点的文章。

《鲜切花品种图册》的开本规格为 105mm×265mm，目的在于方便携带和使用。在品种的收录和编著过程中，由于缺乏经验、水平有限和其他各种原因导致有一些应收录的品种被遗漏；在品种命名、花期的描述等方面一定还会有很多错误的地方，在此恳请读者朋友们给予谅解并随时予以指正，真诚地欢迎读者朋友们能够通过"昆明花拍微讯"公众号（kifa2014）联系我们，将您的意见和建议提供给我们。另外，图册能够展现的品种信息毕竟有限，我们也会在"昆明花拍微讯"上对一些新品种作详细的介绍。

最后，再次感谢大家的支持和鼓励！

第一章

大类切花

玫瑰

"黑魔术"   2062

玫瑰

"卡罗拉"   2059

玫瑰

"红拂"   2453

玫瑰

"卡马拉"   2468

玫瑰

"传奇"   2905

玫瑰

"爱神"   2477

玫瑰
"自由" 2321

玫瑰
"新娘" 2313

玫瑰
"520" 2497

玫瑰
"高原红" 2910

玫瑰
"圣火" 2911

玫瑰
"莎萨九零" 2068

玫瑰

"美国红" 2903

玫瑰

"红月" 2912

玫瑰

"法国红" 2058

玫瑰

"情投意合" 2902

玫瑰

"红召唤" 2304

玫瑰

"香格里拉" 2458

玫瑰
"大桃红"   2153

玫瑰
"王妃"   2913

玫瑰
"水蜜桃"   2118

玫瑰
"苏醒"   2377

玫瑰
"紫影"   2398

玫瑰
"心意"   2914

玫瑰
"粉蝴蝶"　　　　　　　　2431

玫瑰
"柏拉图"　　　　　　　　2487

玫瑰
"戴安娜"　　　　　　　　2112

玫瑰
"粉佳人"　　　　　　　　2145

玫瑰
"粉红雪山"　　　　　　　2127

玫瑰
"粉荔枝"　　　　　　　　2409

玫瑰
"迷恋"　　　　　2495

玫瑰
"紫美人"　　　　2492

玫瑰
"紫霞仙子"　　　2472

玫瑰
"冷美人"　　　　2306

玫瑰
"多洛塔"　　　　2451

玫瑰
"紫皇后"　　　　2120

玫瑰
"阿尔曼多" 2498

玫瑰
"海洋之歌" 2024

玫瑰
"海洋之谜" 2904

玫瑰
"布拉格之恋" 2480

玫瑰
"影星" 2065

玫瑰
"假日公主" 2079

玫瑰
"蜜桃雪山"　　2374

玫瑰
"黄蝴蝶"　　2430

玫瑰
"金枝玉叶"　　2394

玫瑰
"皇冠"　　2393

玫瑰
"金香玉"　　2126

玫瑰
"马提尼克"　　2499

玫瑰
"坦尼克" 2021

玫瑰
"牛奶妹" 2428

玫瑰
"雪山" 2027

玫瑰
"白戴安娜" 2320

玫瑰
"白荔枝" 2504

玫瑰
"芬得拉" 2035

玫瑰
"海市蜃楼"　　　　2452

玫瑰
"奇幻"　　　　2164

玫瑰
"华贵人"　　　　2454

玫瑰
"泰姬"　　　　2389

玫瑰
"倾城之恋"　　　　2456

玫瑰
"玛丽亚"　　　　2170

玫瑰
"艾美" 2490

玫瑰
"桃红雪山" 2158

玫瑰
"糖果雪山" 2181

玫瑰
"伦敦眼" 2915

玫瑰
"双色粉" 2099

玫瑰
"红袖" 2387

玫瑰

"诱惑" 2186

玫瑰

"红唇" 2425

玫瑰

"魅惑" 2121

玫瑰

"合奏曲" 2103

玫瑰

"艾莎" 2488

玫瑰

"梦露" 2478

玫瑰

"俏玉" 2114

玫瑰

"衬裙" 2449

玫瑰

"楼兰" 2466

玫瑰

"翡翠" 2505

玫瑰

"彩虹" 2405

玫瑰

"波尔多" 2916

玫瑰
"火云"　　　　　2392

玫瑰
"口红"　　　　　2104

玫瑰
"金辉"　　　　　2183

玫瑰
"心悦"　　　　　2511

玫瑰
"闪耀"　　　　　2493

玫瑰

"紫罗兰"   2201

玫瑰

"霓虹泡泡"   2266

玫瑰

"小情歌"   2805

玫瑰

"红色达芬奇"   2802

玫瑰

"妩媚"   2808

玫瑰

"妩媚芭比"   2277

玫瑰

"粉红女郎"　　　2228

玫瑰

"艾琳"　　　2803

玫瑰

"浪漫泡泡"　　　2269

玫瑰

"委婉"　　　2261

玫瑰

"粉雾泡泡"　　　2270

玫瑰

"丁香泡泡"　　　9750

玫瑰
"迷雾泡泡" 2257

玫瑰
"九星蓝狐" 2242

玫瑰
"橙色芭比" 2239

玫瑰
"狂欢泡泡" 2247

玫瑰
"宝贝" 2801

玫瑰
"多头蝴蝶" 2280

玫瑰

"多头香槟" 2202

玫瑰

"沙拉" 2807

玫瑰

"梦幻芭比" 2276

玫瑰

"黄金甲" 2810

玫瑰

"黄金时代" 2236

玫瑰

"柠檬泡泡" 2811

玫瑰
"水晶泡泡" 2262

玫瑰
"梦幻曲" 2806

玫瑰
"维特" 2804

玫瑰
"月光泡泡" 2268

玫瑰
"白雪" 2010

玫瑰
"纯真" 2260

玫瑰

"星光波浪／帕尔玛"　　2812

玫瑰

"流星雨"　　2220

玫瑰

"波塞尼娜"　　2233

玫瑰

"鸳鸯泡泡"　　2275

玫瑰

"巧克力泡泡"　　2273

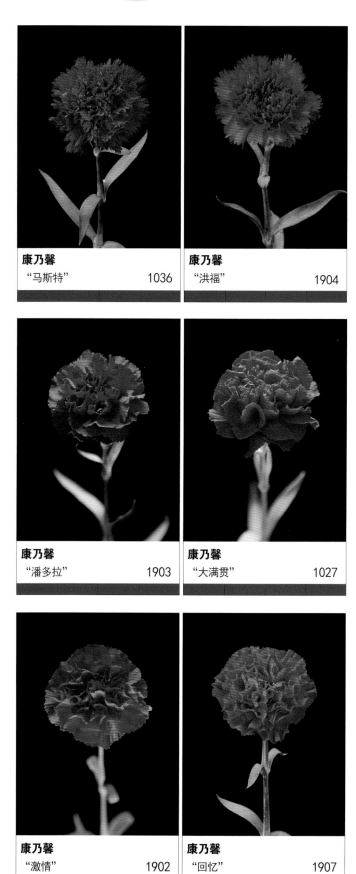

康乃馨
"马斯特"　　　1036

康乃馨
"洪福"　　　1904

康乃馨
"潘多拉"　　　1903

康乃馨
"大满贯"　　　1027

康乃馨
"激情"　　　1902

康乃馨
"回忆"　　　1907

康乃馨
"大桃红" 1906

康乃馨
"小桃红" 1047

康乃馨
"理想" 1075

康乃馨
"廖斯" 1901

康乃馨
"粉钻" 1406

康乃馨
"粉黛" 1037

康乃馨
"花香" 1905

康乃馨
"粉冠" 1911

康乃馨
"粉佳人" 1151

康乃馨
"紫水晶" 1086

康乃馨
"夜巴黎" 1910

康乃馨
"火焰" 1065

康乃馨
"自由"   1043

康乃馨
"得利"   1081

康乃馨
"海贝"   1050

康乃馨
"白雪公主"   1020

康乃馨
"紫罗兰"   1054

康乃馨
"兰贵妃"   1153

康乃馨

"奥林匹克"　　　　1125

康乃馨

"笑颜"　　　　1176

康乃馨

"鹭鸶"　　　　1909

康乃馨

"虞美人"　　　　1070

康乃馨

"依人"　　　　1085

康乃馨

"特步"　　　　1073

康乃馨

"兰贵人" 1152

康乃馨

"俏新娘" 1059

康乃馨

"神采" 1912

康乃馨

"狂欢" 1405

康乃馨
"红色芭芭拉" 1515

康乃馨
"粉色芭芭拉" 1505

康乃馨
"珍珠粉" 1026

康乃馨
"诺言" 1801

康乃馨
"星太子" 1806

康乃馨
"白雪星太子" 1804

康乃馨

"瑞雪"　　　1808

康乃馨

"绿茶"　　　1696

康乃馨

"想象"　　　1516

康乃馨

"太子"　　　1546

康乃馨

"斯嘉丽皇后"　　　1526

康乃馨

"紫蝴蝶"　　　1802

康乃馨

"多瑙河"   1533

康乃馨

"皇太子"   1527

康乃馨

"樱桃太子"   1523

康乃馨

"时尚太子"   1695

康乃馨

"白莱"   1803

康乃馨

"桑巴"   1535

洋桔梗 （美人醉）
红色　　　　　　　7120

洋桔梗 （维纳斯）
粉色　　　　　　　7037

洋桔梗 （典雅）
粉色　　　　　　　7121

洋桔梗 （波浪）
粉色　　　　　　　7122

洋桔梗 （维纳斯）
香槟色　　　　　　7128

洋桔梗 （露茜塔）
紫色　　　　　　　7036

洋桔梗 （波浪）
紫色 7156

洋桔梗 （典雅）
紫色 7125

洋桔梗 （波浪）
紫白色 7157

洋桔梗 （柯罗马）
浅紫色 7032

洋桔梗 （优胜）
浅紫色 7140

洋桔梗 （波浪）
黄色 7141

洋桔梗 （精致）
黄色　　　　　　　　　7142

洋桔梗 （蕾娜）
香槟色　　　　　　　　7132

洋桔梗 （雪莱）
香槟色　　　　　　　　7043

洋桔梗 （惊艳）
绿色　　　　　　　　　7146

洋桔梗 （露茜塔）
绿色　　　　　　　　　7040

洋桔梗 （典雅）
绿色　　　　　　　　　7145

洋桔梗 （蝶舞）
绿色 7144

洋桔梗 （波浪）
白色 7143

洋桔梗 （露茜塔）
白色 7061

洋桔梗 （惊艳）
深茶色 7059

洋桔梗 （惊艳）
绿／茶色 7147

洋桔梗 （露茜塔）
白瓣粉边 7148

洋桔梗 （露西塔）

白瓣紫边 7149

洋桔梗 （精致）

白瓣紫边 7150

洋桔梗 （维纳斯）

紫／白色 7151

非洲菊
"国色"　　　　　　　　4287

非洲菊
"红极星"　　　　　　　4902

非洲菊
"紫衣皇后"　　　　　　4142

非洲菊
"艾卡斯"　　　　　　　4290

非洲菊
"红艳"　　　　　　　　4131

非洲菊
"热带草原"　　　　　　4127

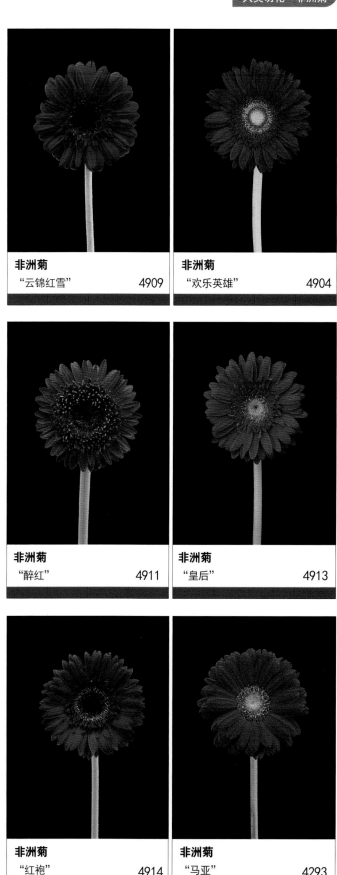

非洲菊
"云锦红雪" 4909

非洲菊
"欢乐英雄" 4904

非洲菊
"醉红" 4911

非洲菊
"皇后" 4913

非洲菊
"红袍" 4914

非洲菊
"马亚" 4293

非洲菊   蜘蛛型
"温情"   4907

非洲菊   蜘蛛型
"飘逸"   4910

非洲菊
"紫佳人"   4071

非洲菊
"爱丽塔"   4297

非洲菊
"醉紫"   4912

非洲菊
"凯思"   4298

非洲菊

"夏日阳光" 4901

非洲菊

"俏佳人" 4304

非洲菊

"蜜糖" 4108

非洲菊

"梦想" 4291

非洲菊

"开心" 4099

非洲菊

"格丽斯" 4301

非洲菊
"水粉" 4240

非洲菊
"玲珑" 4098

非洲菊
"粉佳人" 4303

非洲菊
"多利" 4104

非洲菊
"金贵" 4288

非洲菊
"秋日" 4905

非洲菊
"金太阳" 4204

非洲菊
"巴龙" 4296

非洲菊
"清雅" 4915

非洲菊
"极典" 4295

非洲菊 蜘蛛型
"橙黄" 4921

非洲菊
"晓月" 4916

非洲菊
"太阳" 4202

非洲菊
"金葵花" 4906

非洲菊
"香槟" 4282

非洲菊
"阳光海岸" 4242

非洲菊
"达尔马" 4065

非洲菊
"白云" 4917

非洲菊

"彩云无暇"   4918

非洲菊

"美满"   4305

非洲菊

"晨光"   4302

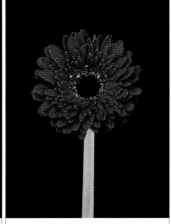

非洲菊

"秋枫"   4919

非洲菊

"情人"   4284

非洲菊

"笑脸"   4289

非洲菊	迷你蜘蛛型
"蜘蛛花"	4920

非洲菊	迷你
"巴拉丁"	4903

非洲菊	迷你
"玉镜"	4908

菊花
"赤炎"　　　　　　5872

菊花
"热恋"　　　　　　5873

菊花
"虹之玉洁"　　　　5874

菊花
"艺雅"　　　　　　5875

菊花
黄色　　　　　　　5056

菊花
"黄安娜"　　　　　5877

菊花
"神马" 5878

菊花
"虹之银装" 5879

菊花 单头
"星安娜" 5880

菊花 单头
"罗斯安娜" 5881

菊花 球型
"红巴卡" 5882

菊花 球型
"紫巴卡" 5883

菊花 球型
紫乒乓 5884

菊花 球型
浅紫乒乓 5885

菊花 球型
黄乒乓 5886

菊花 球型
绿乒乓 5887

菊花 球型
白乒乓 5062

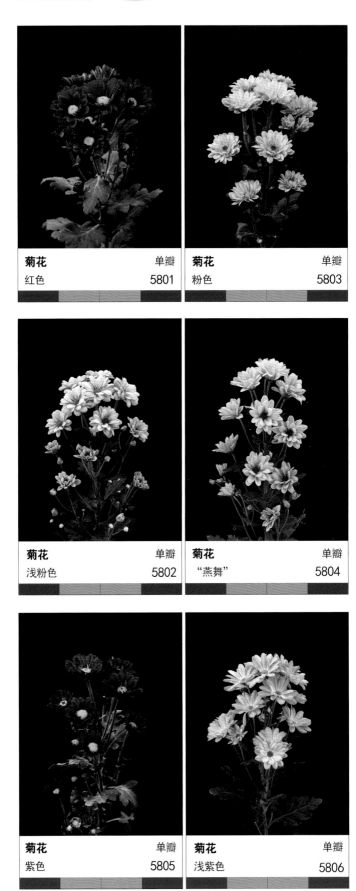

| **菊花** | 单瓣 | **菊花** | 单瓣 |
| 红色 | 5801 | 粉色 | 5803 |

| **菊花** | 单瓣 | **菊花** | 单瓣 |
| 浅粉色 | 5802 | "燕舞" | 5804 |

| **菊花** | 单瓣 | **菊花** | 单瓣 |
| 紫色 | 5805 | 浅紫色 | 5806 |

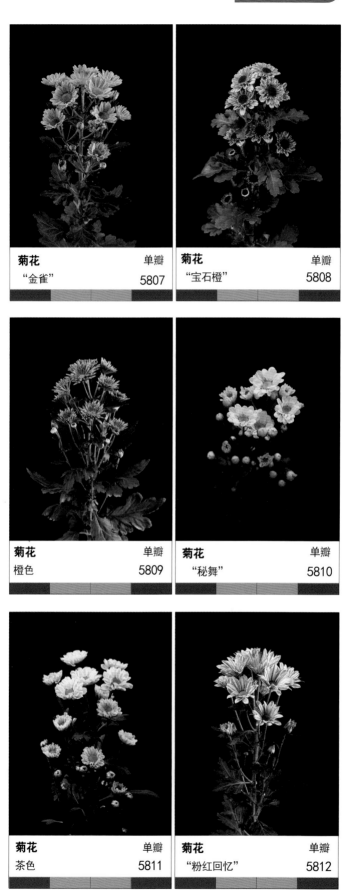

菊花	单瓣
"金雀"	5807

菊花	单瓣
"宝石橙"	5808

菊花	单瓣
橙色	5809

菊花	单瓣
"秘舞"	5810

菊花	单瓣
茶色	5811

菊花	单瓣
"粉红回忆"	5812

菊花 单瓣
紫色 5813

菊花 单瓣
紫／粉色 5814

菊花 单瓣
褐／黄色 5815

菊花 重瓣
粉色 5840

菊花 重瓣
粉色红心 5841

菊花 重瓣
浅粉色 5843

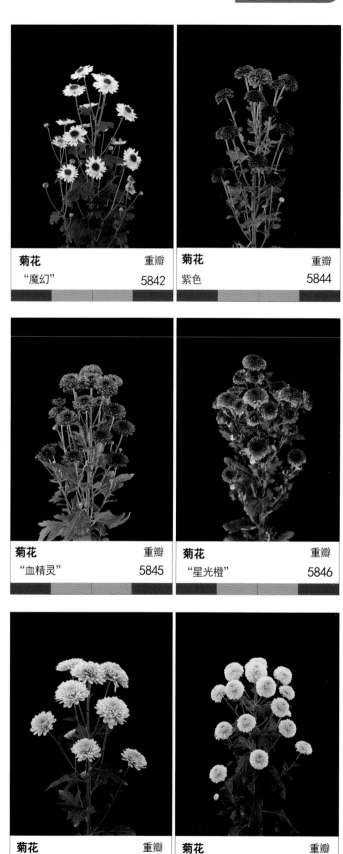

菊花	重瓣	菊花	重瓣
"魔幻"	5842	紫色	5844

菊花	重瓣	菊花	重瓣
"血精灵"	5845	"星光橙"	5846

菊花	重瓣	菊花	重瓣
"长乐菊"	5847	"金绣"	5848

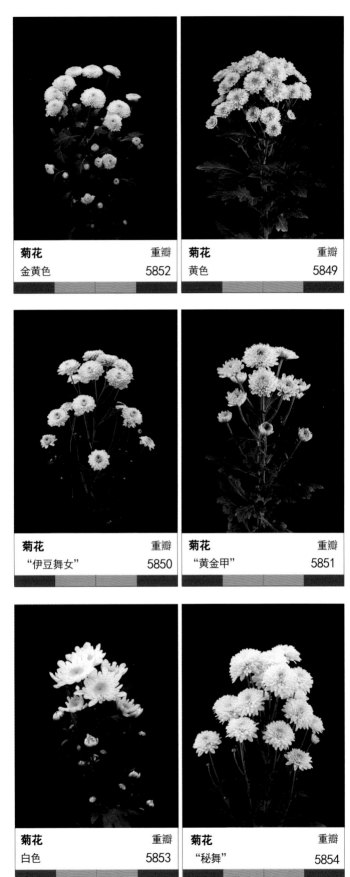

菊花	重瓣
金黄色	5852

菊花	重瓣
黄色	5849

菊花	重瓣
"伊豆舞女"	5850

菊花	重瓣
"黄金甲"	5851

菊花	重瓣
白色	5853

菊花	重瓣
"秘舞"	5854

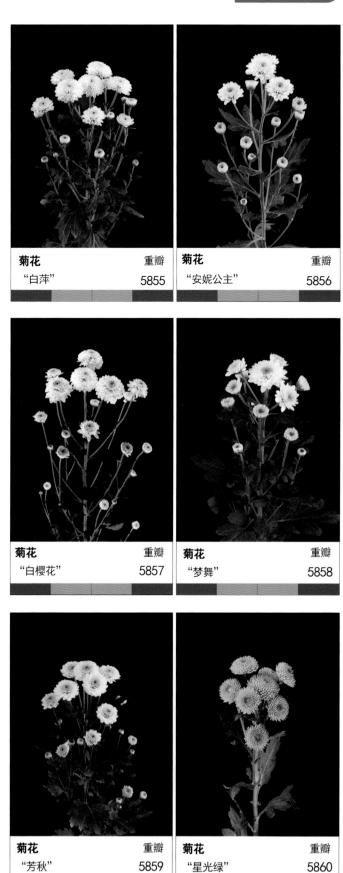

菊花	重瓣
"白萍"	5855

菊花	重瓣
"安妮公主"	5856

菊花	重瓣
"白樱花"	5857

菊花	重瓣
"梦舞"	5858

菊花	重瓣
"芳秋"	5859

菊花	重瓣
"星光绿"	5860

菊花	重瓣
绿色	5861

菊花	重瓣
"绿旅人"	5862

菊花	重瓣
"绿宝石"	5863

菊花	重瓣 管瓣
绿色	5864

菊花	重瓣
"橄榄树"	5865

菊花	重瓣
"绿梦人"	5866

菊花   重瓣
"秋之莹"   5867

菊花   重瓣
白色   5868

菊花   重瓣
橙瓣褐心   5870

菊花   重瓣
粉瓣黄心   5871

菊花   重瓣
白瓣黄心   5869

菊花   迷你
暗红色   5816

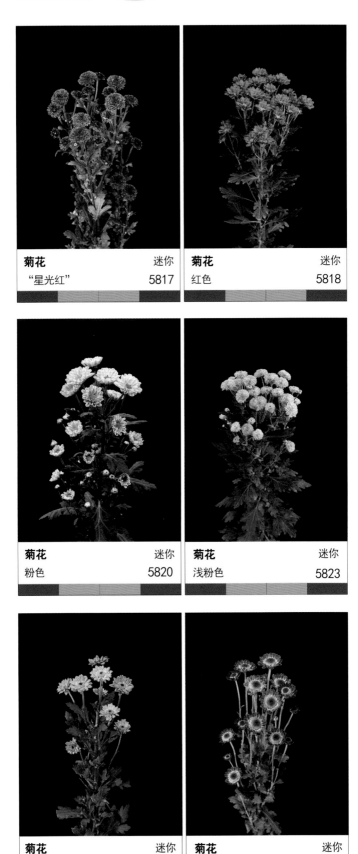

菊花 迷你	**菊花** 迷你
"星光红" 5817	红色 5818
菊花 迷你	**菊花** 迷你
粉色 5820	浅粉色 5823
菊花 迷你	**菊花** 迷你
粉瓣红心 5821	"宝石粉" 5822

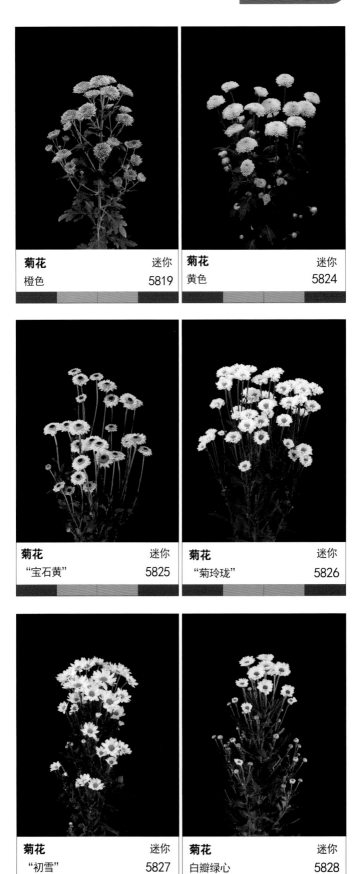

菊花	迷你
橙色	5819

菊花	迷你
黄色	5824

菊花	迷你
"宝石黄"	5825

菊花	迷你
"菊玲珑"	5826

菊花	迷你
"初雪"	5827

菊花	迷你
白瓣绿心	5828

菊花 迷你

白瓣黑心 5829

菊花 迷你

"宝石白" 5830

菊花 迷你

"精晶" 5832

菊花 迷你

白色 5831

菊花 纽扣型

暗红色 5835

菊花 纽扣型

黄色 5836

菊花 纽扣型

"菊婉约" 5837

菊花 管瓣烟花型

橙色 5838

菊花 烟花型

黄色 5839

百合 （东方）
"马龙" 3901

百合 （东方）
"特红" 3907

百合 （东方）
"薇薇安娜／西诺红" 3906

百合 （东方）
"梯伯" 3223

百合 （OT）
"状元红" 3908

百合 （OT）
"罗宾娜" 3019

百合 (OT)
"粉冠军" 3909

百合 （东方）
"索尔邦 / 索邦" 3218

百合 (OT)
"佐罗" 3902

百合 (OT)
"木门" 3028

百合 (OT)
"黄天霸 / 曼尼萨" 3023

百合 (OT)
"西安" 3910

百合　　　　　（东方）
"水晶"　　　　　3903

百合　　　　　（东方）
"亲密爱人"　　　3900

百合　　　　　（铁炮）
"白天堂"　　　　3911

百合　　　　　（重瓣）
粉色　　　　　　3904

百合　　　　　（重瓣）
白色　　　　　　3095

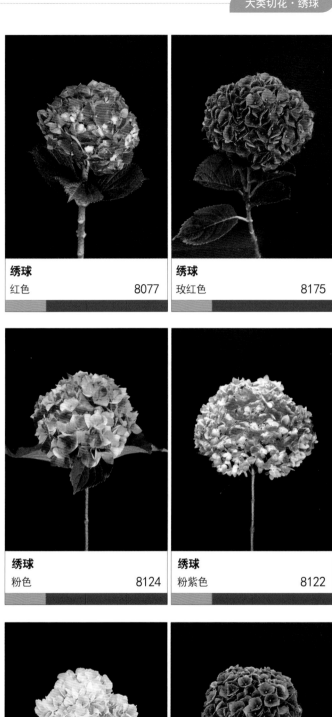

绣球
红色   8077

绣球
玫红色   8175

绣球
粉色   8124

绣球
粉紫色   8122

绣球
浅粉色   8079

绣球
蓝紫色   8123

绣球
"爱莎"　9801

绣球
蓝色　8078

绣球
青紫色　9727

绣球
浅蓝色　8500

绣球
"绿安娜"　8498

绣球
"白安娜"　8076

绣球
"雪球"   8497

绣球   （秋色）
蓝紫色   8701

绣球   （秋色）
绿紫色   8702

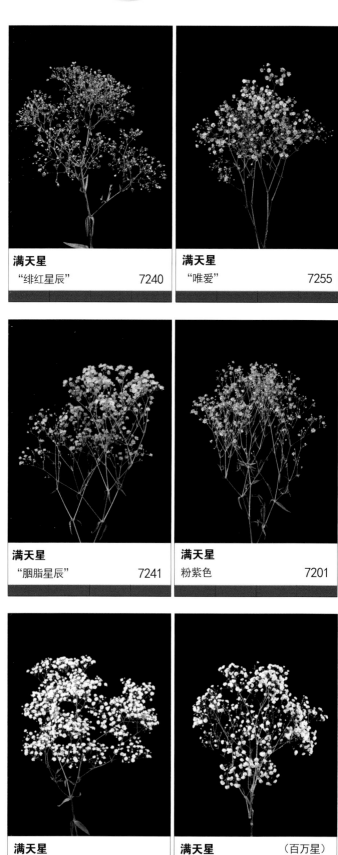

满天星
"绯红星辰"　　　　　　7240

满天星
"唯爱"　　　　　　7255

满天星
"胭脂星辰"　　　　　　7241

满天星
粉紫色　　　　　　7201

满天星
白色　　　　　　7016

满天星　　　　　（百万星）
白色　　　　　　7017

满天星	（百万星）	满天星	（百万星）
"伊洛斯"	7250	"娑尔"	7251

满天星	（百万星）
"流光"	7252

补血草

"紫勿忘我" 7007

补血草

"桃红勿忘我" 7008

补血草

"粉勿忘我" 7009

补血草

"蓝紫勿忘我" 7005

补血草

"黄勿忘我" 7002

补血草

"白勿忘我" 7006

补血草

"粉水晶" 8253

补血草

"黄水晶" 8256

补血草

"紫情人草" 7004

花烛 / 红掌
"热带之夜"   7527

花烛 / 红掌
"尼诺"   7534

花烛 / 红掌
"热情"   7526

花烛 / 红掌
"萨维尔"   8525

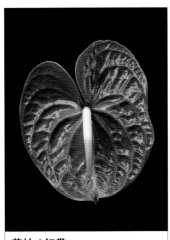

花烛 / 红掌
"特拉索"   7520

花烛 / 红掌
"费斯托"   7594

花烛 / 红掌

"普利维亚"   7529

花烛 / 红掌

"玛丽西亚"   7538

花烛 / 红掌

"米多蕊"   7537

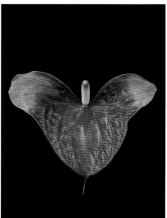

花烛 / 红掌

"娜丽塔"   7535

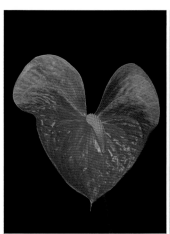

花烛 / 红掌

"趣味"   7528

花烛 / 红掌

"紫韵"   7516

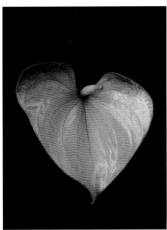

花烛 / 红掌

"派对"   7532

花烛 / 红掌

"干杯"   7543

花烛 / 红掌

"蟠桃"   7531

花烛 / 红掌

"香水"   7519

花烛 / 红掌

"卢卡迪"   7593

花烛 / 红掌

"辛巴"   7518

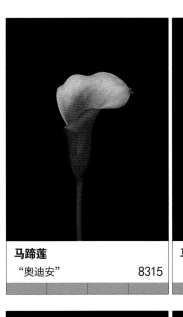

马蹄莲
"奥迪安"　　8315

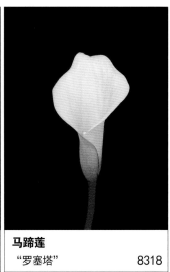

马蹄莲
"罗塞塔"　　8318

马蹄莲
"范图拉"　　8312

马蹄莲
"黑洞"　　8317

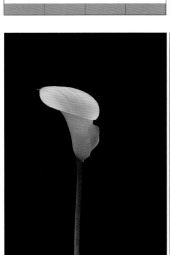

马蹄莲
"莫瑞丽"　　8316

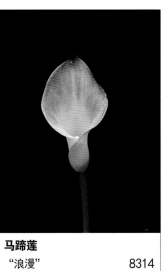

马蹄莲
"浪漫"　　8314

马蹄莲
"诺言"　　　　　　　8313

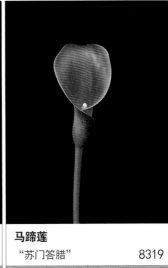

马蹄莲
"苏门答腊"　　　　　8319

第二章

其他切花

澳洲米花

白色 8501

百子莲

蓝色 8507

斑克木

棕色 8119

槟榔

9932

柴胡

"叶上黄金" 8083

翠菊

红色 5891

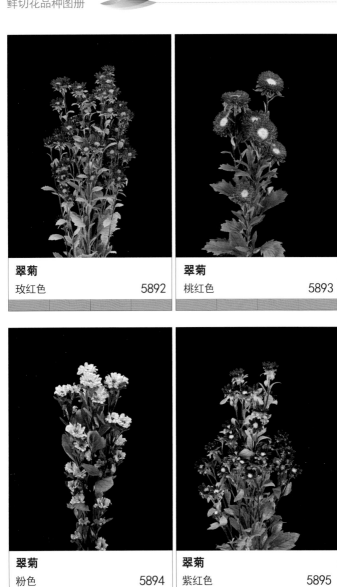

翠菊
玫红色　　　　　　5892

翠菊
桃红色　　　　　　5893

翠菊
粉色　　　　　　　5894

翠菊
紫红色　　　　　　5895

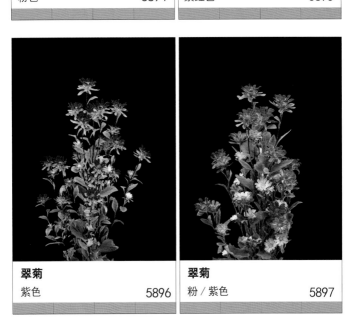

翠菊
紫色　　　　　　　5896

翠菊
粉／紫色　　　　　5897

翠菊

白 / 紫色   5898

刺芹

"蓝刺芹"   9707

大阿米芹

"蕾丝花"   8057

大葱花

紫色   8508

大花蕙兰

暗红色   9770

大花蕙兰

紫红色   9771

大花蕙兰
粉色   9772

大花蕙兰
浅粉色   9773

大花蕙兰
黄色   9774

大花蕙兰
金黄色   9775

大花蕙兰
绿瓣白舌   9776

大花蕙兰
绿瓣红舌   9777

大花蕙兰

白色   9778

大丽花

暗红色   5900

大丽花

深红色   5901

大丽花

红色   5902

大丽花

橘黄   5903

大丽花

红／白色   5904

袋鼠爪

黄色   8281

帝王花   （公主）

红色   7491

帝王花   （国王）

红色   7492

帝王花   （王后）

浅黄色   7490

丁香

白色   7451

丁香

浅紫色   7452

风铃草
粉色 8320

风铃草
紫色 8321

风铃草
白色 8322

飞燕草
浅紫色 8044

飞燕草
蓝紫色 8048

蝴蝶兰
紫红色 8169

蝴蝶兰
白色　　　　　　　　9680

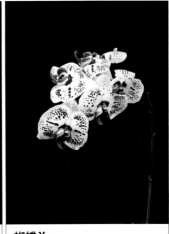

蝴蝶兰
白瓣紫斑紫心　　　　9681

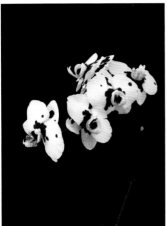

蝴蝶兰
白瓣紫斑黄心　　　　9682

蝴蝶兰
黄瓣紫心　　　　　　9683

蝴蝶兰
黄瓣红斑红心　　　　9684

寒丁子　　　　　　单瓣
红色　　　　　　　　7449

寒丁子 单瓣
粉色 7446

寒丁子 重瓣
浅粉色 7444

红花
"橙菠萝" 8060

火炬花
"火把莲" 8086

花毛茛
紫红色 9382

花毛茛
红色 9380

花毛茛 （青蛙）
红色 9386

花毛茛 （青蛙）
橙红色 9396

花毛茛 （青蛙）
玫红色 9391

花毛茛
粉色 9394

花毛茛
浅粉色 9389

花毛茛
黄色 9387

花毛茛
金黄色   9385

花毛茛
浅黄色   9393

花毛茛
白色   9390

花毛茛   （青蛙）
白色   9398

花毛茛
绿色   9397

花毛茛
白／紫色   9399

鹤望兰

8058

茴香

7161

藿香蓟

5301

一枝黄花

"黄莺" 8059

虎眼万年青

"白天鹅绒" 8200

黑种草

"外星人" 9860

黑种草
黄色   9861

黑种草
白瓣绿心   9862

黑种草
"非洲新娘"   9863

桔梗
"中国桔梗／铃铛花"   5300

鸡冠花   球状花序
红色   8126

鸡冠花   羽状花序
紫红色   8125

鸡冠花	球状花序
黄色	9131

鸡冠花	矛状花序
橙色	8140

金合欢	
"圣诞树"	9212

姜荷花	
白色	9827

姜荷花	
浅粉色	9828

姜荷花	
浅紫色	9829

假龙头花

9826

荚蒾

"木绣球"　　9850

娇娘花

"新娘花"　　9825

景天

粉色　　9831

景天

浅紫色　　9832

景天

白色　　9830

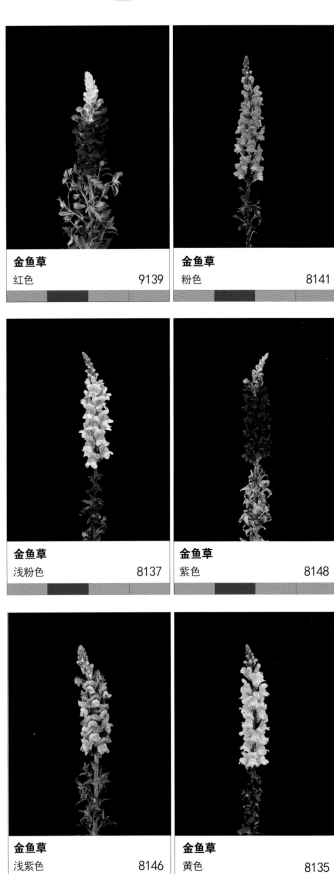

金鱼草
红色   9139

金鱼草
粉色   8141

金鱼草
浅粉色   8137

金鱼草
紫色   8148

金鱼草
浅紫色   8146

金鱼草
黄色   8135

金鱼草
橙色　　　　　　　　　8142

金鱼草
白色　　　　　　　　　8133

六出花
浅粉色　　　　　　　　8007

六出花
紫色　　　　　　　　　8005

六出花
浅紫色　　　　　　　　9837

六出花
橙色　　　　　　　　　8013

六出花
浅黄色　　　　8010

六出花
浅绿色　　　　9833

六出花
红／粉色　　　9835

六出花
红／白色　　　9836

龙船花
红色　　　　　9840

落地生根
"天灯"　　　　9693

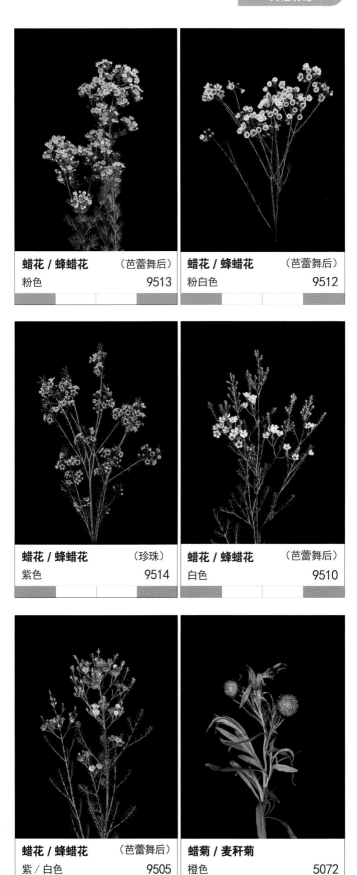

蜡花 / 蜂蜡花 （芭蕾舞后）
粉色　9513

蜡花 / 蜂蜡花 （芭蕾舞后）
粉白色　9512

蜡花 / 蜂蜡花 （珍珠）
紫色　9514

蜡花 / 蜂蜡花 （芭蕾舞后）
白色　9510

蜡花 / 蜂蜡花 （芭蕾舞后）
紫 / 白色　9505

蜡菊 / 麦秆菊
橙色　5072

蜡菊 / 麦秆菊
黄色　　　　　　　　　9890

蓝饰带花
"紫翠珠"　　　　　　　9705

蓝饰带花
"蓝翠珠"　　　　　　　9706

落新妇
红色　　　　　　　　　7408

落新妇
粉色　　　　　　　　　7406

落新妇
白色　　　　　　　　　7407

马利筋

红／黄色 9841

婆婆纳

"红狐尾花" 9872

婆婆纳

"蓝狐尾花" 9873

千日红

红色 5208

千日红

桃色 5206

千日红

紫色 5202

千日红
浅紫色 5205

千日红
黄色 5207

千日红
白色 5203

青葙
红色 9875

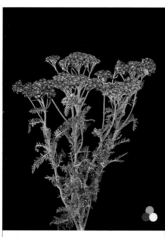

蓍 (shī) 草
"红咖喱花" 9892

蓍 (shī) 草
"黄咖喱花" 9893

石斛兰

粉色   8403

石斛兰

紫色   8081

石斛兰

白色   9910

薄子木 / 松红梅   重瓣

粉色   9710

薄子木 / 松红梅   单瓣

粉白色   9712

薄子木 / 松红梅   单瓣

白色   9711

睡莲
蓝色   9702

睡莲
浅紫色   9701

睡莲
黄色   9703

香豌豆
粉色   8158

香豌豆
白色   8166

芍药
紫红色   8310

芍药
桃红色   8311

芍药
粉色   8261

芍药
白瓣黄心   8262

芍药
白／紫色   8263

素馨／茉莉
     8504

石蒜
"彼岸花／曼陀罗华"   9907

105

唐菖蒲
紫红色   6005

唐菖蒲
红色   6002

唐菖蒲
粉色   6004

唐菖蒲
黄色   6003

唐菖蒲
橙色   6007

唐菖蒲
绿色   6006

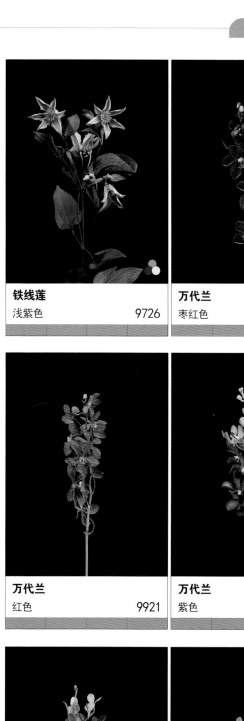

铁线莲
浅紫色　9726

万代兰
枣红色　9920

万代兰
红色　9921

万代兰
紫色　9923

万代兰
浅紫色　9922

万代兰
黄色　9924

万代兰

黄瓣红斑　　　　9925

乌头

9843

文心兰

8168

文心兰　　　　迷你

9852

晚香玉

"夜来香"　　　　9845

须苞石竹　　单瓣（相思梅）

深红　　　　8798

| 须苞石竹 | 单瓣（相思梅） | 须苞石竹 | 单瓣（相思梅） |
| 红色 | 8797 | 粉色 | 8037 |

| 须苞石竹 | 单瓣（相思梅） | 须苞石竹 | 重瓣（相思梅） |
| 紫色 | 8036 | 红色 | 8510 |

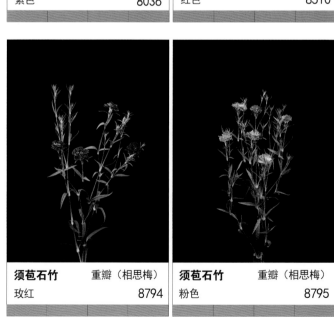

| 须苞石竹 | 重瓣（相思梅） | 须苞石竹 | 重瓣（相思梅） |
| 玫红 | 8794 | 粉色 | 8795 |

须苞石竹	重瓣（相思梅）	须苞石竹	重瓣（相思梅）
紫色	8796	白色	8035

须苞石竹	（石竹梅）	须苞石竹	（石竹梅）
暗红	8028	深红	8792

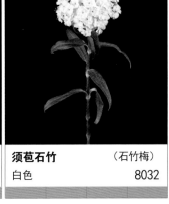

须苞石竹	（石竹梅）	须苞石竹	（石竹梅）
红色	8030	白色	8032

须苞石竹 （石竹梅）
红瓣粉边 8789

须苞石竹 （石竹梅）
玫红瓣白心 9031

须苞石竹 （石竹梅）
紫瓣白心 8791

须苞石竹 （石竹梅）
红瓣白边 8788

须苞石竹 （石竹梅）
紫／白色 8790

须苞石竹
"绿毛球" 1951

雄黄兰

"火焰兰"　9820

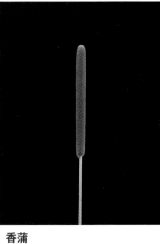

香蒲

9935

向日葵

红瓣褐心　9847

向日葵

黄瓣褐心　8174

向日葵

黄瓣绿心　8829

向日葵　多头单瓣

黄瓣绿心　8831

向日葵 多头重瓣
黄瓣绿心 9857

夕雾花
7170

蝎尾蕉
9866

香雪兰 / 小苍兰 单瓣
红色 8016

香雪兰 / 小苍兰 单瓣
桃红色 9793

香雪兰 / 小苍兰 单瓣
粉色 8018

香雪兰 / 小苍兰　　　单瓣
浅紫色　　　9792

香雪兰 / 小苍兰　　　单瓣
黄色　　　8019

香雪兰 / 小苍兰　　　单瓣
金黄色　　　9791

香雪兰 / 小苍兰　　　单瓣
橘黄色　　　9090

香雪兰 / 小苍兰　　　单瓣
蓝紫色　　　8020

香雪兰 / 小苍兰　　　重瓣
红色　　　9794

香雪兰 / 小苍兰 重瓣
白色 9795

薰衣草
9846

洋甘菊
7701

郁金香
红色 7087

郁金香
黄色 7085

郁金香
白色 7090

郁金香
白 / 粉色　　　　　　7095

郁金香
黄 / 红色　　　　　　7097

银莲花
红色　　　　　　9783

银莲花
粉色　　　　　　9784

银莲花
紫红色　　　　　　9786

银莲花
蓝紫色　　　　　　9785

银莲花
白色　　　　　　　　9787

羽扇豆
浅紫色　　　　　　　3648

羽扇豆
白色　　　　　　　　3647

鸢尾
紫色　　　　　　　　8111

鸢尾
白色　　　　　　　　8114

茵芋
暗红色　　　　　　　7401

117

茵芋

绿色 9884

针垫花

红色 9912

针垫花

橘黄色 9813

针垫花

橙色 9911

针垫花

黄色 9913

紫罗兰

桃红色 8090

紫罗兰
浅粉色   8092

紫罗兰
紫色   8094

紫罗兰
浅紫色   8096

紫罗兰
白色   8098

珍珠绣线菊 / 喷雪花
9851

第三章

切枝

桉 / 尤加利 　　　　细叶
9250

桉 / 尤加利 　　　　柳叶
9251

桉 / 尤加利 　　　　卵叶
9252

桉 / 尤加利 　　　　圆叶
9253

贝壳花
8063

白千层 　　　　"千层金"
9926

白珠树

"沙巴叶" 9231

常春藤 9211

大戟

"高山积雪 / 银边翠" 8082

灯台 9025

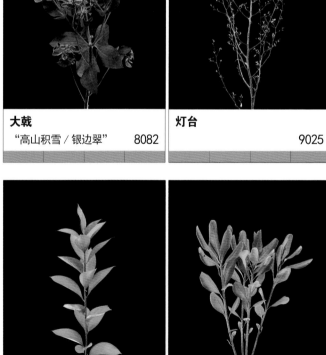

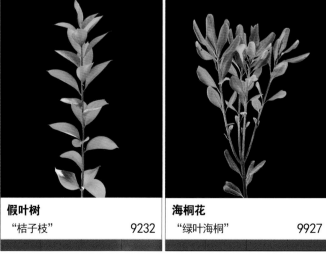

假叶树

"桔子枝" 9232

海桐花

"绿叶海桐" 9927

海桐花
"花叶海桐" 9022

黄杨
"小叶黄杨" 9943

刻球花 （小果）
"白珊瑚" 9881

刻球花 （大果）
"白珊瑚" 9849

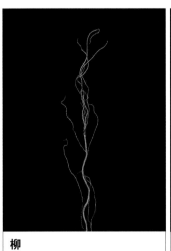

柳
"龙柳" 9216

露兜树
"小林投" 9945

梾木
　"红瑞木"　9952

龙血树
　"马尾铁"　9955

龙血树
　"百合竹"　9653

龙血树
　"星点木 / 星虎斑木"　9931

龙血树
　"富贵竹 / 水竹"　7168

木百合 / 银树　单头
　绿色　9204

木百合 / 银树　　　单头
红色　　　9203

木百合 / 银树　　　多头
绿色　　　9220

米兰
　　　9929

石楠
"红叶石楠"　　　9977

石松
"过山龙"　　　9208

石竹
"青梅叶"　　　8883

天门冬
　"非洲天门冬"　9976

天门冬
　"阔叶武竹"　9954

天门冬
　"蓬莱松"　9011

天门冬
　"武竹／天门冬"　9202

天门冬
　"文竹"　9201

雪柳
　9026

薤蓂（xī mì）

"翠扇"   9970

芸苔 / 羽衣甘蓝

白心   9958

芸苔 / 羽衣甘蓝

紫心   9959

竹柏

"熊猫竹"   9230

朱蕉

     9941

栀子

     9019

第四章

切叶

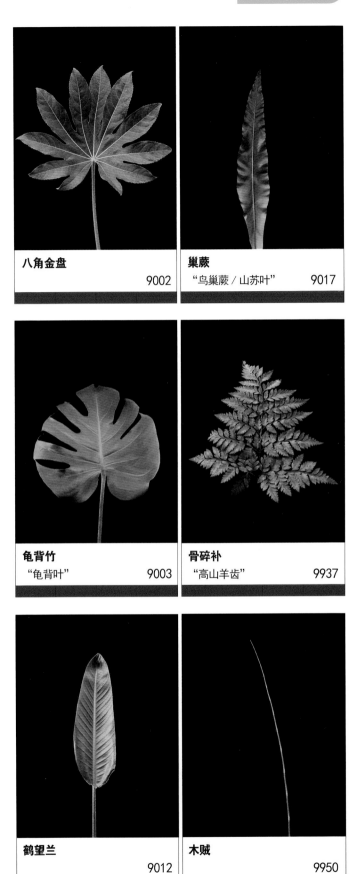

八角金盘
9002

巢蕨
"鸟巢蕨 / 山苏叶"　9017

龟背竹
"龟背叶"　9003

骨碎补
"高山羊齿"　9937

鹤望兰
9012

木贼
9950

千里光　　　　　　　　匙形叶

"银叶菊"　　　　　　　　9501

千里光　　　　　　　　羽状裂叶

"银叶菊"　　　　　　　　9531

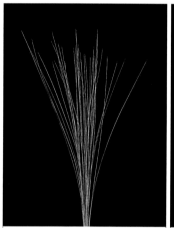

莎草

"钢草／非洲大熊草"　　　9014

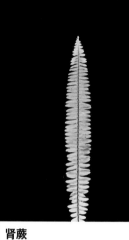

肾蕨

"排草／肾蕨"　　　　　　9007

散尾葵

　　　　　　　　　　　　9005

喜林芋

"小天使"　　　　　　　　9903

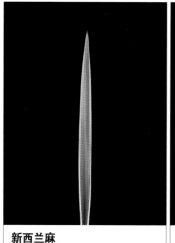

新西兰麻

"新西兰叶"

9016

鱼尾葵

9004

鸢尾

9934

孔雀竹芋

"孔雀叶"

9947

蜘蛛抱蛋

"一叶兰"

9939

第五章

切果

桉树 / 尤加利

"大叶桉果"　　　　　9956

桉树 / 尤加利

"柳叶桉果"　　　　　9257

桉树 / 尤加利　　　　有叶

"小米果"　　　　　9258

桉树 / 尤加利　　　　去叶

"小米果"　　　　　9259

蓖麻果

红色　　　　　9818

蓖麻果

绿色　　　　　9817

川续断

"和尚头" 9984

刺芹

"情人果" 9809

冬青

9874

番茄 观赏类

9745

凤梨 观赏类

9999

高粱 观赏类

9987

金丝桃

"红色火龙珠" 　　　　9522

金丝桃

"粉色火龙珠" 　　　　9524

金丝桃

"绿色火龙珠" 　　　　9523

咖啡

9525

辣椒 　　　　　观赏类

彩色 　　　　　　　9879

辣椒 　　　　观赏辣椒

绿色 　　　　　　　9880

莲
"莲蓬"　　　　　　　　9886

绿珊瑚　　　　　　大果
　　　　　　　　　　　9995

绿珊瑚　　　　　　小果
"绿珊瑚"　　　　　　　9883

萝藦
"唐棉"　　　　　　　　9504

毛核木
"紫雪果"　　　　　　　9869

毛核木
"白雪果"　　　　　　　9871

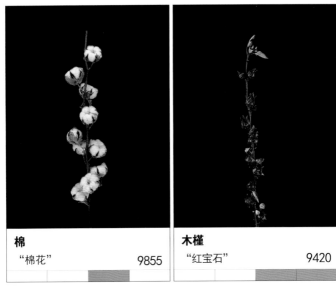

棉
"棉花" 　　　　　　　9855

木槿
"红宝石" 　　　　　　9420

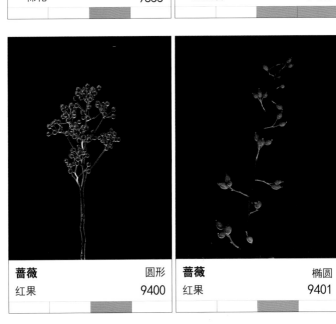

蔷薇 　　　　　　　圆形
红果 　　　　　　　　9400

蔷薇 　　　　　　　椭圆
红果 　　　　　　　　9401

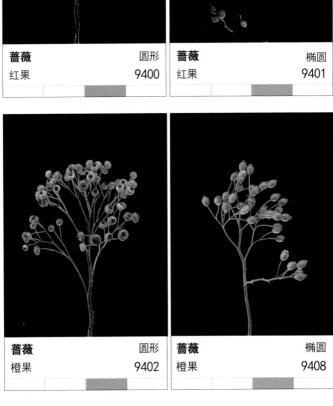

蔷薇 　　　　　　　圆形
橙果 　　　　　　　　9402

蔷薇 　　　　　　　椭圆
橙果 　　　　　　　　9408

茄

"乳茄"   9856

茄

"水茄"   9996

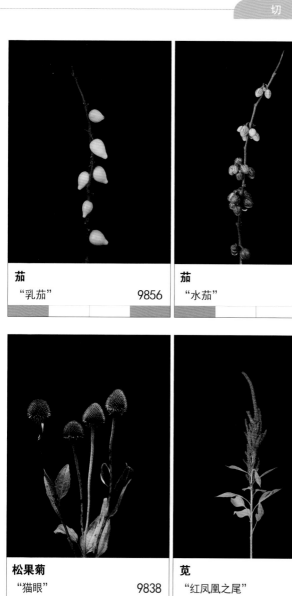

松果菊

"猫眼"   9838

苋   直立穗

"红凤凰之尾"   7175

苋   直立穗

"黄凤凰之尾"   7176

苋   垂穗

红色   7182

苋 垂穗
黄色 7181

小麦
9992

玉蜀黍 / 玉米 观赏类
9988

银树果
红色 9888

银树果
粉色 9887

银树果
绿色 9885

银树果

白色   9886

棕榈果

9983

第六章

加工染色花

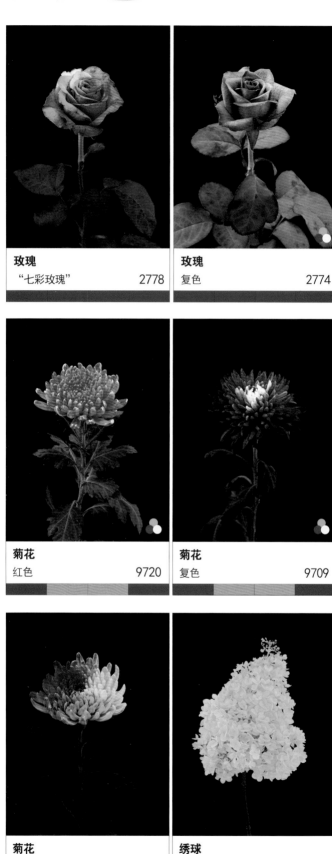

玫瑰
"七彩玫瑰" 2778

玫瑰
复色 2774

菊花
红色 9720

菊花
复色 9709

菊花
"七彩菊" 9715

绣球
绿色 9803

狗尾巴草

绿色   9721

黄金球

蓝色   9718

蜡花 / 蜂蜡花

蓝色   9503

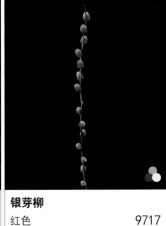

银芽柳

红色   9717

班克木

黄色   8121

第七章

主要品种开放度图示

开放度 5

开放度 4

开放度 3

开放度 2

开放度 1

玫瑰·卡罗拉

玫瑰·蜜桃雪山

开放度 1　　开放度 2　　开放度 3　　开放度 4　　开放度 5

开放度 5

开放度 4

开放度 3

开放度 2

开放度 1

玫瑰·粉荔枝

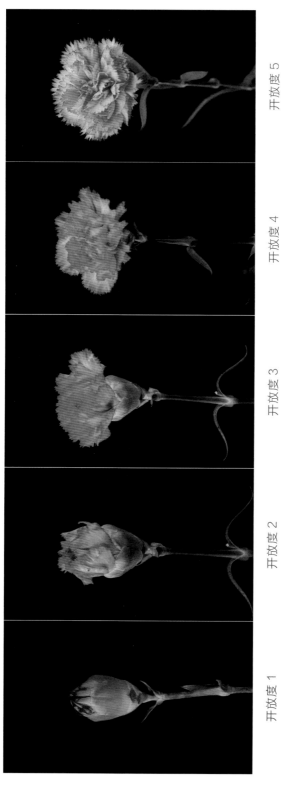

康乃馨·火焰

开放度 1　　开放度 2　　开放度 3　　开放度 4　　开放度 5

开放度 5

开放度 4

开放度 3

开放度 2

开放度 1

百合·罗宾娜

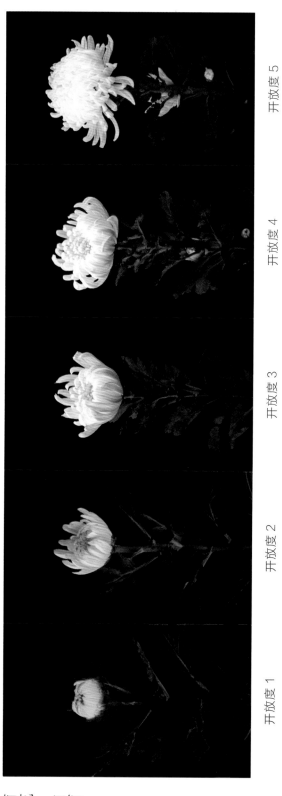

菊花·白菊

开放度 1　开放度 2　开放度 3　开放度 4　开放度 5

第八章

鲜花在主要流通环节的注意事项

鲜花在主要流通环节的
注意事项

种植户

◎在最合适的开放度（能满足开放的最低开放度）进行采收。

◎鲜花采收后要在最短时间内将花放置到配有保鲜剂的桶中。

◎鲜花从基地采收后，应尽快做预冷处理，冷库温度保持在 2~4℃，预冷处理的时间不低于 2 小时，并使用专业的鲜花保鲜剂处理，以保证鲜花有最佳瓶插期。

◎一定要使用干净的花桶、工具及水。

◎进行降低乙烯敏感度处理，尤其是满天星、康乃馨、金鱼草、香豌豆、飞燕草、兰花等对乙烯敏感的切花。推荐使用"可利鲜 AVB"。

◎吸水导管易阻塞的品类如玫瑰、洋桔梗等，要进行导管吸水性提升处理，推荐使用"可利鲜 RVB/RVB clear"。

◎灰霉高发季节，要做防灰霉处理。

◎使用合适装载容器及运输方式以减少机械对花的损伤。

批发商

◎购买经过专业采后处理、冷链运输、品质好的鲜花。

◎将鲜花存储在 2~4℃的冷库周转或者销售。

◎鲜花在批发商处的快速周转是鲜花品质的保证。

◎兰花及红掌类应存储在 14℃度以上的环境。

◎轻微脱水的鲜花应立即剪根后浸入保鲜剂充分吸水，推荐使用"可利鲜 RVB clear"或"可利鲜专业 2 号"。

◎不要将鲜花和水果（尤其是苹果、香蕉）、蔬菜存储在一起。

◎长途运输过程尽量采用低温运输。

◎运输时采用小包装盒，避免过度挤压带来的机械损伤。

花店

◎购买品质好的鲜花。

◎选择合适的花桶、花器，避免使用金属材质的容器装花，始终保持容器的干净、卫生。

◎花材到店后去除包装，尽快剪根浸入配有保鲜剂的清水中回水。

◎鲜花养水高度：玫瑰 10 厘米左右；康乃馨 5 厘米左右；非洲菊 5 厘米左右；百合 10~15 厘米左右；绣球 15 厘米左右。

◎花店夏天 3~4 天换一次水，冬天 6~7 天换一次水。

◎使用锋利干净的花剪、花刀。

◎鲜花陈列的环境温度 15~20℃之间为宜。

◎销售鲜花时给消费者提供养花的建议。

消费者

◎采购的鲜花要有足够的成熟度。

◎检查花瓣、叶片是否脱水，是否有机械损伤。

◎使用干净的花瓶插花，不建议使用金属材质的花瓶。

◎插花时要在新鲜自来水中配入适量保鲜剂，中途可不用换水，直接加新鲜的自来水即可，推荐使用"可利鲜家庭专用清亮小包"。

◎花束插入花瓶前用锋利、干净的剪刀按斜 45°角剪根处理，至少要剪去根部 3~5 厘米，剔除茎秆上多余的叶片，注意叶片不能浸入水中。

◎不要向花头喷水，湿度大容易使鲜花滋生灰霉病，导致腐烂变质。

◎鲜花不喜欢强气流、阳光直射、接近暖气、有烟雾和成熟水果的地方。

索引

商品名索引

（按汉语拼音法排列）

品种代码索引

（按数字顺序排列）

特别鸣谢

特别鸣谢

昆明杨月季园艺有限公司

玉溪迪瑞特花卉有限公司

荷兰西露丝花卉育种有限公司 Schreurs Holland B.V

云南爱必达园艺有限公司

昆明缤纷园艺有限公司

昆明方德波尔格玫瑰花卉有限公司

云南锦苑花卉产业股份有限公司

云南云秀花卉有限公司

昆明海盛园艺有限公司

玉溪佳海农业产业有限公司

云南上云丰花卉有限公司

安宁诺斯沃德花卉产业有限公司

昆明真善美兰业有限公司

云南英茂花卉产业有限公司

昆明虹之华园艺有限公司

云南品元园艺有限公司

昆明蝶相恋花卉种植有限责任公司

24 鲜花在线

云南我要花农业科技有限公司

北京安陈花卉有限公司

荷兰可利鲜 (Chrysal)

花艺在线（Cnfloral）

中国花卉报

国家观赏园艺工程技术研究中心

云南省农业科学院花卉研究所

阿华花卉 / 创新花卉 / 禾韵花卉 / 宏勇花卉

金秋花卉 / 锦科花卉 / 俊虎花卉 / 昆宝花卉

雷艳花卉 / 丽江花卉 / 梁王花卉 / 霖成花卉

龙联花卉 / 禄金花卉 / 盛地花卉 / 祥裕花卉

新锐花卉 / 馨源花卉 / 杨玉花卉 / 炸炸花卉

昭宜花卉 / 国泰花卉 / 联谊花卉 / 梁六花卉

梁山花卉 / 振祈花卉 / 爱加花卉 / 大庄花卉

桂花花卉 / 宽霆花卉 / 浪漫花卉 / 老夏花卉

李攀花卉 / 联艺花卉 / 陆阳花卉 / 明航花卉

七彩花卉 / 情愿花卉 / 欣昕花卉 / 新瑞花卉

杨娇花卉 / 宇翔花卉 / 张良花卉 / 安安花卉

纯纯花卉 / 约伯花卉 / 联盟花卉 / 龙隐花卉

绿辉花卉 / 林茂花卉 / 荣誉花卉 / 杜鹃花卉

浪情花卉 / 红云花卉 / 田心花卉 / 田园花卉

源艳来花卉 / 花知花卉

锦苑花卉
JINYUAN FLOWER

构建快速、高效、优质的鲜花服务体系
实现"买亚洲，卖世界"的鲜花产业梦想

锦苑花卉，成立于1995年，是国家、省、市、区级农业产业化龙头企业，致力于打造极具竞争力的鲜花产业生态链，是中国唯一在鲜切花研发、生产、交易、冷链物流和服务体系进行全产业链布局的企业。

锦苑集团旗下现有云南锦苑花卉产业股份有限公司、昆明国际花卉拍卖交易中心有限公司、云南咖啡交易中心有限公司、云南锦科花卉工程研究中心有限公司、云南锦苑国际物流有限公司、云南锦苑股权投资基金管理有限公司等10个子公司，形成了"一个中心、两个交易平台、三大园区、四大服务支撑"的产业格局。

一个中心
云南锦科花卉工程研究中心有限公司——鲜花品种、种植、品控等关键技术研发

两个交易平台
昆明国际花卉拍卖交易中心——花卉价格形成中心、市场信息服务中心、物流集散中心和花卉服务中心

云南国际咖啡交易中心
咖啡交易、信息、展示、仓储、物流、融资等服务为一体的"一站式"服务平台

三大园区
石林园区、安宁园区、精品咖啡产业园

金融服务
锦苑基金

四大服务支撑
物流服务——锦苑物流

电子商务信息服务
花拍在线

技术服务体系
"云花"质量控制体系

云南锦苑花卉产业股份有限公司
YUNNAN JINYUAN FLOWER INDUSTRY CO., LTD.

地址：云南昆明呈贡县斗南镇 650599
电话：086-871-65895608
传真：086-871-65891936
邮箱／E-mail：jyhh@kjflower.com.cn
网址／http://www.kjflower.com.cn

汇聚花卉产业创新成长的力量
打造经营型公共服务平台

　　昆明国际花卉拍卖交易中心（简称：昆明花拍中心）是锦苑花卉旗下最重要的核心业务板块，是以花卉拍卖交易为主，集花卉标准制定及推广、新品种引进、信息服务、金融服务等为一体的花卉交易、服务平台。该平台经过15年的运营，已成为中国鲜花交易量最大、亚洲第一的产地型花卉拍卖市场。

　　其拍卖交易后的鲜切花进入到了全国各大、中城市和泰国、日本、新加坡、中国香港、俄罗斯、澳大利亚等40多个国家和地区，每年交易的鲜花有玫瑰、非洲菊、满天星、康乃馨、洋桔梗、绣球等100多个品类共计1000多个品种。与此同时，昆明花拍中心2014年参与了山东栖霞苹果拍卖交易中心、云南国际咖啡交易中心的建设及运营。

围绕花卉拍卖的多种交易模式

大钟拍卖　　　　　订单交易
互联网交易平台
撮合交易
其它领域的交易服务：苹果、咖啡等

昆明国际花卉拍卖交易中心
有限公司
KUNMING INTERNATIONAL
FLORA AUCTION TRADING CENTER CO., LTD.

地址／云南昆明呈贡县斗南镇 650599
电话／086-871-66200116　66201948
传真／086-871-66200118
邮箱／E-mail: kifa@kjflower.com.cn
网址／http://www.kifa.net.cn

花拍微讯

花拍在线

迪瑞特

10

百年传奇，专注玫瑰育种，

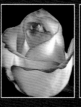

传奇　　　新娘　　　艾莎　　　金枝玉叶

玉溪迪瑞特花卉有限公司

DeRuiter
creating flower business

荷兰迪瑞特总部　　中国玉溪迪瑞特　　肯尼亚迪瑞特　　厄瓜多尔迪瑞特

年

传承盛世之美！

狂欢泡泡　　　　猩红泡泡　　　　香香公主　　　粉雾泡泡

地址：玉溪市红塔区大营街赤马十二组
电话：18908778634
网址：www.deruiter.com

昆明卉商·花童话

本公司是一家专业从事花卉进出口的贸易公司,目前公司和全球17个国家种植商合作,80%以上的货源从国外种植商处直接采购,从而减少了许多中间环节,降低了成本。公司采用合资及重组资源的方式与国际货代公司强强合作,大大降低了运输成本,并形成了一整套新产品的推广、包装、销售完善体系。

花童话进出口贸易有限公司是集北京、上海、广州、杭州、昆明等地多家有着从事花卉进出口经验15年以上的公司合资创办而成的一家全新模式的进出口花卉公司,可为客户提供及时快捷的产品更新服务。公司本着"创新","诚信"的经营理念,走专业化的道路,以领先的销售模式、快捷高效的产品创新、过硬的产品质量、丰富的花卉产品和周到的服务来赢得市场,公司希望能与更多客户建立友好合作伙伴关系,携手共进,共创花卉行业辉煌!

电话:139 1019 8488
联系人:祁经理

【昆明卉商·花童话】

schreurs
ROSE BREEDERS

荷兰西露丝花卉育种有限公司（Schreurs Holland B.V.）

西露丝是一个家族花卉公司，创立于20世纪40年代，主要业务是玫瑰和非洲菊的新品种育种。总部在荷兰，同时在肯尼亚、厄瓜多尔和哥伦比亚设有分公司。厄瓜多尔种植品种结构里，西露丝品种占有很大的比例；肯尼亚种植品种结构里，1/4的品种都来自西露丝。西露丝是专业玫瑰切花和非洲菊切花育种公司，主营切花玫瑰和非洲菊的新品种育种、推广和高质量玫瑰种苗生产。

玫瑰种植基地 1/1

云南爱必达园艺有限公司成立于2014年，至今已拥有7个现代化玻璃温室，共计82000平方米。同时还有彩色马蹄莲和玫瑰鲜切花种植项目。生产基地分布在云南昆明、玉溪、红河和宁夏银川等地，爱必达做到有序化，规模化生产，优化资源配置，与各区域经销商携手一起占领市场。

迷你玫瑰1/2

1/3 彩色马蹄莲

1/4 迷你玫瑰盆栽

1/5 公主系列玫瑰

TFL❀WER 听花

聆聽生命，遇見美好

北京听花科技有限公司是一家专注于鲜花宅配的电子商务公司。为都市白领提供会务、居家等各种场景用花、礼品花和节日花。公司主营"鲜花包月""定制鲜花"，为客户提供新鲜的花儿、专业的配送、贴心的服务。

听花致力于将鲜切花市场的互联网规模不断提升，促进产业链规范化和标准化快速升级。

倾听花儿的声音，给鲜花提供专业的养护；倾听爱花人士的声音，提供和分享一切与花相关的美好事物。

扫码关注听花科技

扫码下载听花APP

公司名称：北京听花科技有限公司　　地址：浙江省杭州市西湖区中天MCC 1号楼314

联系电话：4000-640-388　　网址：www.listenflower.com

花醉美

云南花醉美进货平台作为鲜花品质高标准的践行者，致力于打造高效供应产业链、进出口贸易，我们只做优质花材，专为花店解决进货问题。

客服电话：
0871-67487119

平台满300元或20扎（不限品种）
全国顺丰包邮到店!
理赔标准：断一枝赔一枝

浙江丽彩园艺有限公司

花美·量多·就买
郁金香切花

专业种球花卉供应商
为切花园艺保驾护航

运营中心：浙江省海宁市长安镇褚石村金筑园1号
电话：0573-87490958
传真：0573-87489667
网址：www.hongyue.com
基地：浙江省海宁市长安镇辛江村辛江小学北

扫一扫，丽彩园艺！

历经11年风雨，至今连续8年蝉联昆明最大批发商称号。

105名员工，囊括国内最顶尖的鲜切花买手、品控、保鲜、物流专业人才。

与昆明最好品质的农场，保持长年稳定合作，并且从生产开始，密切介入农场的品种选择、种植级别、采后处理、包装标准，从源头狠抓，为客户确保品质。

现可长年稳定供应，高品质的玫瑰以及近百个品种的草花系列，可为您提供最优质的花材供应方案。

公司狠抓内部管理，尽可能的减少不必要的操作和储存，尽可能的实现最短距离的供应链条，从而为您实现最低的损耗和成本。

茗星辉皇，
是支撑您成长的最强有力的臂膀。

电话：0871-67493899/13698758270/15198861070
地址：昆明国际花卉拍卖交易中心商包区东区1号
　　　云南茗星辉皇花卉有限公司

锦苑冷链
JINYUAN COLDCHAIN

　　云南锦苑国际物流有限公司成立于2012年，是锦苑花卉产业集团成员单位，公司围绕云南丰富的鲜花资源，依托专业化生鲜信息系统管理，为鲜切花客户提供稳定和安全的供应链方案。业务配套有恒温车间分级分拣保鲜加工、集配中心多温区储存、仓内包装贴标配送、城际冷藏集货运输、干线冷藏运输，目前开通的成熟国内物流通道为："昆明-上海""昆明-深圳""昆明-北京"以及国际物流通道"昆明-曼谷"。

种植采摘

恒温车间分级
分拣保鲜加工

仓内包装
贴标配送

城际冷藏
集货运输

直达电子
拍卖交易市场

标准带水装载

干线冷藏运输

宅配拆装

成品鲜切花

云南锦苑国际物流有限公司

YUNNAN JIN YUAN INTERNATIONAL LOGISTICS CO.,LTD

地址：云南省昆明市经开区石龙路奥斯迪电子商务
交易产业园区 L5 栋 2 楼

电话：0871-64450129

邮箱：jycc@jinyuancoldchain.cn

网址：www.jinyuancoldchain.cn

足不出户学花艺

与花艺大师零距离接触

近2000部

视频从入门到高级

从单品到系统课程让你从菜鸟变大师

现在注册立即拥有100元学习代金券
学习网址　new.huadian360.com

cnfloral 花艺在线

【沪花拾者是什么】

沪花拾者是由
国内不同区域花店自发组织的用互联网思维
抱团学习，互助分享，推陈出新的
草根行业平台

【沪花拾者做什么】

凝聚中国民间的草根行业力量
利用开放的平台提供各种花艺资讯和服务
共同推动中国花店业的进步和创新

【沪花拾者的核心价值】

创新　开放　互助　共享

如果我們志趣相投
迟早，你也会是我们的人

DFA荷兰花艺设计课程

创办机构：欧洲花艺学院EFDA
　　　　　荷兰STOAS大学

审批机构：荷兰农业部

证书用途：花艺从业准入证书（欧盟国家通用）

中国大陆唯一合作机构：北京佩华花艺学校

佩华学校承担DFA教学、备考、应试、取证全过程
在佩华，您可以获取与荷兰同步的DFA花艺教学
进而取得欧盟通用的职业资格证书。
上述机构联合确认：
在中国大陆佩华是唯一拥有DFA考试、取证资格的机构。

想要参与DFA学习

想要考取DFA资格证书

无需舍近求远

北京佩华学校是您最方便、安心的选择

咨询热线：400-8877-713 / 010-66038431

佩华花艺学校　　　佩华学生处
（微信服务号）　　（课程顾问私信）

佩华花艺学校

北京市人社局评估A级培训学校；
北京市民政局评估4A级培训机构；
北京市插花协会副会长单位；
荷兰欧洲花艺学院EFDA中国合作机构；

曦月花艺 XIYUE Flower
-10年专注商业花艺培训
每年推动1000家花店成长

Ten years focused on commercial flower training, to promote the growth of the flower shop 1000.

曦月: 一辈子专心做好一件事

向上·向善·感恩 企业文化

亲·蜜思琳

高端花艺资材·国际一流品牌

"亲·蜜思琳"是汕头市多维拉日用工艺品厂旗下的高端花艺资材品牌，专业从事高端包装资材、节日婚庆礼品、时尚家居礼品的尖端礼品企业。

企业集研发、生产、销售、服务于一体，秉承"向上、向善、感恩"为核心的价值观，倡导着"开放、分享、互助"的经营理念，企业创立至今，深受国内外客户及合作商的一致赞许，高端品质及优质服务深得人心。

"亲·蜜思琳"为花艺行业各阶层消费者提供最为完善的资材配套服务，努力为从事花艺行业者提供性价比最高的花艺资材、最专业的资材运用知识、最新的国际流行资讯和最贴心的服务。

亲·蜜思琳 花店成长计划

1、无起订量销售：为支持创业新开花店减轻投资成本和库存压力，亲·蜜思琳系列产品均无限制数量混批销售！
2、独家LOGO定制：为帮助客户提高品牌意识，建立花店品牌，亲·蜜思琳独家专设花店品牌LOGO终生免费印制服务！
3、专属高端定制：为保护客户设计产品知识产权及品牌个性风格，亲·蜜思琳特别提供产品专属高端定制与仓库寄存服务！
4、品牌文化建设：为了帮助客户建立完善的品牌文化与正确的发展风向，亲·蜜思琳联合行业专家，共同推出"亲·蜜思琳"成长计划，对花店进行实地考察，全方位分析，量身定制一套完善的发展方案服务！

亲·蜜思琳 全国经销商招商政策流程

1、提交申请
2、确认审批
3、确定经销商级别并支付首批订货款及保证金
4、签订合约
5、颁发授权牌匾

深圳市亲蜜思琳科技文化有限公司
Shenzhen city close Kathleen Technology & Culture Co. Ltd.

全国
服务热线：400 8383 225

微信公众号

florist
floral design

《花店 · 花艺专刊》

好吃的鲜花
绽放活力新商机

过去您的鲜花仅以好看、好闻吸引顾客，现在，我们为您拓展渠道，用高品质的"好吃"，让鲜花创造更大的价值！

我是花吃
鲜花小卷

海盐
芝士味

- 身材Mini
- 内涵有料
- 鲜花加身
- 层层酥脆

3款花样美味
卷动心趣味

比利时
焦糖味

玫瑰
蜂蜜味